Nano Innovations: Progress and Practicalities in Nanotechnology

నానో ఆవిష్కరణలు: నానోటెక్నాలజీలో పురోగతి మరియు ఆచరణ

Pooja Nair

TABLE OF CONTENT

విషయసూచిక

అధ్యాయం 1: నానోటెక్నాలజీ పరిచయం

o నానోటెక్నాలజీ యొక్క నిర్వచనం మరియు పరిధి
o నానోటెక్నాలజీ యొక్క చరిత్ర మరియు అభివృద్ధి
o నానోటెక్నాలజీ యొక్క సాధ్యమైన అనువర్తనాలు
o నానోటెక్నాలజీ యొక్క సవాళ్లు మరియు పరిమితులు

అధ్యాయం 2: నానోటెక్నాలజీలో ప్రాథమిక భావనలు

o నానో పదార్థాల లక్షణాలు
o నానో పదార్థాల లక్షణీకరణ పద్ధతులు
o నానో పదార్థాల సంశ్లేషణ మరియు తయారీ
o నానోటెక్నాలజీలో టాప్-డౌన్ vs. బాటం-అప్ విధానాలు

అధ్యాయం 3: నానో ఎలక్ట్రానిక్స్‌లో పురోగతి

o నానో పదార్థాలను ఉపయోగించి ఎలక్ట్రానిక్ పరికరాల మినీకరణం
o క్వాంటం కంప్యూటింగ్ మరియు నానోటెక్నాలజీ
o స్పిన్‌ట్రానిక్స్ మరియు ఇతర ఉత్పన్న నానో ఎలక్ట్రానిక్ టెక్నాలజీలు
o నానో ఎలక్ట్రానిక్స్‌లో సవాళ్లు మరియు భవిష్యత్ దిశలు

అధ్యాయం 4: నానో వైద్యం మరియు నానోబయోటెక్నాలజీ

o నానో పదార్థాలను ఉపయోగించి ఔషధాల పంపిణీ మరియు లక్ష్య చికిత్స
o నానోటెక్నాలజీతో కణజాల ఇంజనీరింగ్ మరియు పునరుత్పాదక వైద్యం
o నానో పదార్థాల ఆధారంగా బయోసెన్సార్లు మరియు రోగనిర్ధారణలు
o నానో వైద్యంలో నీతి మరియు భద్రతా ఆందోళనలు

అధ్యాయం 5: నానో పర్యావరణ అనువర్తనాలు

○ నానో పదార్థాలతో నీటి శుద్ధీకరణ మరియు కాలుష్య నివారణ
○ నానోసెక్నాలజీని ఉపయోగించి శక్తి సేకరణ మరియు నిల్వ
○ సస్టెనబుల్ పదార్థాలు మరియు గ్రీన్ నానోసెక్నాలజీలు
○ నానో పదార్థాల పర్యావరణ ప్రభావ అంచనా

అధ్యాయం 6: నానోసెక్నాలజీ యొక్క సామాజిక మరియు ఆర్థిక ప్రభావాలు

○ నానోసెక్నాలజీ యొక్క ఆర్థిక అవకాశాలు మరియు సవాళ్లు
○ నానోసెక్నాలజీ పరిశ్రమలో ఉద్యోగ సృష్టి మరియు కార్మిక దళ అభివృద్ధి
○ నానోసెక్నాలజీ యొక్క నియంత్రణ మరియు పరిపాలన
○ నానోసెక్నాలజీ యొక్క ప్రజల అవగాహన మరియు నీతిపరమైన పరిశీలనలు

అధ్యాయం 7: నానోటెక్నాలజీ యొక్క భవిష్యత్తు

○ నానోటెక్నాలజీ యొక్క ఉత్పన్న ధోరణులు మరియు అనువర్తనాలు
○ రంగంలో గొప్ప సవాళ్లు మరియు అవకాశాలు
○ బాధ్యతాయుతమైన అభివృద్ధి మరియు నీతిపరమైన పరిశీలనలు
○ ముగింపు: నానోటెక్నాలజీ యొక్క భవిష్యత్తు ప్రకాశవంతంగా ఉంది

Chapter 1: Introduction to Nanotechnology

అధ్యాయం 1: నానోటెక్నాలజీ పరిచయం

నానోటెక్నాలజీ యొక్క నిర్వచనం మరియు పరిధి

నానోటెక్నాలజీ అనేది 1 నానోమీటర్ (nm) కంటే తక్కువ పరిమాణంలోని పదార్థాలను అధ్యయనం చేయడం మరియు ఉపయోగించడం. ఒక నానోమీటర్ అనేది మీరు మీ ముక్కు చివరను ఒక మిలియన్ సార్లు తగ్గించినప్పుడు పొందే పరిమాణం. నానోటెక్నాలజీ అనేది చాలా చిన్న పరిమాణంలోని పదార్థాలను ఉపయోగించడం ద్వారా కొత్త ఉత్పత్తులు మరియు ప్రక్రియలను రూపొందించడానికి మనకు అనుమతిస్తుంది.

నానోటెక్నాలజీ యొక్క నిర్వచనం కొంతమంది నిపుణుల మధ్య కొంచెం తేడా ఉంటుంది. అయితే, సాధారణంగా, నానోటెక్నాలజీ అనేది 1-100 నానోమీటర్ల పరిమాణంలోని పదార్థాలను అధ్యయనం చేయడం మరియు ఉపయోగించడం.

నానోటెక్నాలజీ యొక్క పరిధి చాలా విస్తృతం. ఇది కొత్త ఉత్పత్తులు, ప్రక్రియలు మరియు పరికరాలను రూపొందించడానికి ఉపయోగించబడుతుంది.

నానోటెక్నాలజీని ఉపయోగించి రూపొందించబడిన కొన్ని ఉత్పత్తులలో:

- కొత్త రకాల ఔషధాలు మరియు వైద్య పరికరాలు
- మరింత శక్తివంతమైన మరియు సమర్థవంతమైన ఎలక్ట్రానిక్స్
- మరింత బలమైన మరియు శక్తివంతమైన నిర్మాణ పదార్థాలు
- మరింత పొడవుగా ఉండే మరియు మరింత ఆహారపదార్థాలు

నానోటెక్నాలజీ అనేది ఒక శక్తివంతమైన సాంకేతికత, ఇది మన జీవితాలను అనేక విధాలుగా మార్చగల సామర్ధ్యాన్ని కలిగి ఉంది.

నానోటెక్నాలజీ యొక్క ప్రయోజనాలు

నానోటెక్నాలజీ అనేక ప్రయోజనాలను కలిగి ఉంది. ఇది కొత్త ఉత్పత్తులు మరియు ప్రక్రియలను రూపొందించడానికి ఉపయోగించబడుతుంది, ఇవి:

- మరింత శక్తివంతమైన మరియు సమర్థవంతమైనవి
- మరింత ఖచ్చితమైన మరియు నాణ్యమైనవి
- మరింత చౌకగా మరియు అందుబాటులో ఉన్నవి

నానోటెక్నాలజీని ఉపయోగించి రూపొందించబడిన కొన్ని ఉత్పత్తుల ఉదాహరణలు:

- కొత్త రకాల ఔషధాలు మరియు వైద్య పరికరాలు, ఇవి వ్యాధులను నివారించడానికి లేదా చికిత్స చేయడానికి మరింత ప్రభావవంతంగా ఉంటాయి.

- మరింత శక్తివంతమైన మరియు సమర్థవంతమైన సౌర కణాలు, ఇవి మనకు మరింత శుభ్రమైన మరియు సుస్థిరమైన శక్తిని అందిస్తాయి.

- మరింత శక్తివంతమైన మరియు సమర్థవంతమైన సౌర కణాలు, ఇవి మనకు మరింత శుభ్రమైన మరియు సుస్థిరమైన శక్తిని అందిస్తాయి.

నానోటెక్నాలజీ యొక్క చరిత్ర మరియు అభివృద్ధి

నానోటెక్నాలజీ అనేది 1 నానోమీటర్ (nm) కంటే తక్కువ పరిమాణంలోని పదార్థాలను అధ్యయనం చేయడం మరియు ఉపయోగించడం. ఒక నానోమీటర్ అనేది మీరు మీ ముక్కు చివరను ఒక మిలియన్ సార్లు తగ్గించినప్పుడు పొందే పరిమాణం. నానోటెక్నాలజీ అనేది చాలా చిన్న పరిమాణంలోని పదార్థాలను ఉపయోగించడం ద్వారా కొత్త ఉత్పత్తులు మరియు ప్రక్రియలను రూపొందించడానికి మనకు అనుమతిస్తుంది.

నానోటెక్నాలజీ యొక్క చరిత్ర చాలా పురాతనమైనది. మానవులు పురాతన కాలం నుండి నానోటెక్నాలజీని ఉపయోగించారు. ఉదాహరణకు, పురాతన ఈజిప్షియన్లు నానోటెక్నాలజీని ఉపయోగించి గ్లాస్‌ను తయారు చేశారు.

నానోటెక్నాలజీ యొక్క ఆధునిక చరిత్ర 20వ శతాబ్దంలో ప్రారంభమైంది. 1959లో, నానోటెక్నాలజీ అనే పదాన్ని మొదటిసారిగా ఆర్థర్ కె. సెర్ప్ అనే శాస్త్రవేత్త ఉపయోగించారు. సెర్ప్ నానోటెక్నాలజీని "1-100 నానోమీటర్ల పరిమాణంలోని పదార్థాలను అధ్యయనం చేయడం మరియు ఉపయోగించడం" అని నిర్వచించారు.

నానోటెక్నాలజీలోని ఆధునిక పరిశోధన 1980లలో ప్రారంభమైంది. 1981లో, ఐర్వింగ్ జె. ఫీయర్ అనే శాస్త్రవేత్త నానోస్పైరల్స్ అనే పదార్థాన్ని కనుగొన్నారు. నానోస్పైరల్స్ అనేవి చాలా చిన్న, పాచిక ఆకారంలో ఉండే పదార్థాలు. నానోస్పైరల్స్ నానోటెక్నాలజీలో ఒక ముఖ్యమైన పదార్థం, ఇవి వివిధ ఉత్పత్తులలో ఉపయోగించబడతాయి.

1990లలో, నానోటెక్నాలజీలోని పరిశోధన మరింత వేగవంతమైంది. ఈ సమయంలో, నానోటెక్నాలజీలో అనేక కొత్త పరిశోధనలు జరిగాయి. ఉదాహరణకు, 1995లో, లియొనార్డ్ ఎన్. క్రాండ్గర్ అనే శాస్త్రవేత్త నానోరేట్స్ అనే పదార్థాన్ని కనుగొన్నారు. నానోరేట్స్ అనేవి చాలా చిన్న, రంధ్రం ఆకారంలో ఉండే పదార్థాలు. నానోరేట్స్ నానోటెక్నాలజీలో మరొక ముఖ్యమైన పదార్థం, ఇవి వివిధ ఉత్పత్తులలో ఉపయోగించబడతాయి.

నానోటెక్నాలజీ యొక్క సాధ్యమైన అనువర్తనాలు

నానోటెక్నాలజీ అనేది 1-100 నానోమీటర్ల పరిమాణంలోని పదార్థాలను అధ్యయనం చేయడం మరియు ఉపయోగించడం. ఇది ఒక శక్తివంతమైన సాంకేతికత, ఇది మన జీవితాలను అనేక విధాలుగా మార్చగల సామర్ధ్యాన్ని కలిగి ఉంది.

నానోటెక్నాలజీ యొక్క అనేక సాధ్యమైన అనువర్తనాలు ఉన్నాయి. వాటిలో కొన్ని:

- వైద్యం: నానోటెక్నాలజీని ఉపయోగించి కొత్త రకాల ఔషధాలు మరియు వైద్య పరికరాలను రూపొందించవచ్చు. ఉదాహరణకు, నానోటెక్నాలజీని ఉపయోగించి క్యాన్సర్ కణాలను గుర్తించడానికి మరియు చంపడానికి కొత్త రకాల ఔషధాలను రూపొందించవచ్చు.

- ఎలక్ట్రానిక్స్: నానోటెక్నాలజీని ఉపయోగించి మరింత శక్తివంతమైన మరియు సమర్థవంతమైన ఎలక్ట్రానిక్ పరికరాలను రూపొందించవచ్చు. ఉదాహరణకు, నానోటెక్నాలజీని ఉపయోగించి మరింత చిన్న మరియు శక్తివంతమైన సెమీకండక్టర్లను రూపొందించవచ్చు.

- నిర్మాణం: నానోటెక్నాలజీని ఉపయోగించి మరింత బలమైన మరియు శక్తివంతమైన నిర్మాణ పదార్థాలను రూపొందించవచ్చు. ఉదాహరణకు, నానోటెక్నాలజీని ఉపయోగించి మరింత స్ట్రైట్ మరియు శక్తివంతమైన కాంక్రీటును రూపొందించవచ్చు.

- సెన్సర్లు: నానోటెక్నాలజీని ఉపయోగించి మరింత సున్నితమైన మరియు ఖచ్చితమైన సెన్సర్లను రూపొందించవచ్చు. ఉదాహరణకు, నానోటెక్నాలజీని

ఉపయోగించి కాలుష్యం లేదా వాతావరణ మార్పులను గుర్తించడానికి మరింత సున్నితమైన సెన్సర్లను రూపొందించవచ్చు.

- శుద్ధి: నానోటెక్నాలజీని ఉపయోగించి నీరు, నేల లేదా గాలిని శుద్ధి చేయడానికి మరింత ప్రభావవంతమైన మార్గాలను రూపొందించవచ్చు. ఉదాహరణకు, నానోటెక్నాలజీని ఉపయోగించి నీటిలోని కాలుష్యాలను తొలగించడానికి మరింత ప్రభావవంతమైన మార్గాలను రూపొందించవచ్చు.

నానోటెక్నాలజీ యొక్క అనువర్తనాలు ఇంకా అభివృద్ధిలో ఉన్నాయి, కానీ ఈ సాంకేతికత మన జీవితాలను అనేక విధాలుగా మార్చగల సామర్థ్యాన్ని కలిగి ఉన్నట్లు అనిపిస్తోంది.

నానోటెక్నాలజీ యొక్క సవాళ్లు మరియు పరిమితులు

నానోటెక్నాలజీ అనేది 1-100 నానోమీటర్ల పరిమాణంలోని పదార్థాలను అధ్యయనం చేయడం మరియు ఉపయోగించడం. ఇది ఒక శక్తివంతమైన సాంకేతికత, ఇది మన జీవితాలను అనేక విధాలుగా మార్చగల సామర్థ్యాన్ని కలిగి ఉంది. అయితే, నానోటెక్నాలజీకి కొన్ని సవాళ్లు మరియు పరిమితులు కూడా ఉన్నాయి.

నానోటెక్నాలజీ యొక్క కొన్ని సవాళ్లు:

- నానోపదార్థాల తయారీ: నానోపదార్థాలను తయారు చేయడం ఒక సవాలుగా ఉంటుంది. ఎందుకంటే, నానోపదార్థాలు చాలా చిన్నవిగా ఉంటాయి, వాటిని నియంత్రితంగా తయారు చేయడం కష్టం.

- నానోపదార్థాల లక్షణాల అంచనా: నానోపదార్థాల లక్షణాలను అంచనా వేయడం కూడా ఒక సవాలుగా ఉంటుంది. ఎందుకంటే, నానోపదార్థాల లక్షణాలు వాటి పరిమాణం మరియు ఆకృతిపై బాగా ఆధారపడి ఉంటాయి.

- నానోపదార్థాల భద్రత: నానోపదార్థాల భద్రతపై కూడా ఆందోళనలు ఉన్నాయి. ఎందుకంటే, నానోపదార్థాలు శరీరంలోకి ప్రవేశిస్తే, అవి ఆరోగ్యానికి హానికరం కావచ్చు.

నానోటెక్నాలజీ యొక్క కొన్ని పరిమితులు:

- నానోపదార్థాల ఖర్చు: నానోపదార్థాల తయారీ ఖర్చు ఇంకా చాలా ఎక్కువగా ఉంది.

- నానోపదార్థాల శక్తి సామర్థ్యం: నానోపదార్థాల శక్తి సామర్థ్యం ఇంకా పరిమితం.

- నానోపదార్థాల స్థిరత్వం: నానోపదార్థాల స్థిరత్వం ఇంకా పరిమితం.

నానోటెక్నాలజీ యొక్క సవాళ్లు మరియు పరిమితులను అధిగమించడానికి పరిశోధకులు కృషి చేస్తున్నారు. నానోటెక్నాలజీ యొక్క అభివృద్ధి కొనసాగితే, ఈ సవాళ్లు మరియు పరిమితులు తగ్గిపోవడానికి అవకాశం ఉంది.

నానోటెక్నాలజీ యొక్క సంభావ్య ప్రమాదాలు

నానోటెక్నాలజీకి కొన్ని సంభావ్య ప్రమాదాలు కూడా ఉన్నాయి. నానోపదార్థాలు శరీరంలోకి ప్రవేశిస్తే, అవి ఆరోగ్యానికి హానికరం కావచ్చు. నానోపదార్థాలు పర్యావరణానికి కూడా హానికరం కావచ్చు.

నానోటెక్నాలజీని సురక్షితంగా మరియు సామాజికంగా బాధ్యతాయుతంగా అభివృద్ధి చేయడానికి ప్రణాళికలు అవసరం.

Chapter 2: Fundamental Concepts in Nanotechnology

అధ్యాయం 2: నానోటెక్నాలజీలో ప్రాథమిక భావనలు

నానో పదార్థాల లక్షణాలు

నానోటెక్నాలజీ అనేది 1-100 నానోమీటర్ల పరిమాణంలోని పదార్థాలను అధ్యయనం చేయడం మరియు ఉపయోగించడం. ఈ పరిమాణంలో, పదార్థాలు వాటి సాధారణ పరిమాణంలో ఉన్నప్పుడు కంటే భిన్నమైన లక్షణాలను ప్రదర్శిస్తాయి. ఈ లక్షణాలు నానోపదార్థాల యొక్క పరిమాణం, ఆకృతి మరియు ఉపరితల పరిమాణం వంటి అనేక అంశాలపై ఆధారపడి ఉంటాయి.

నానో పదార్థాల యొక్క కొన్ని ప్రధాన లక్షణాలు:

పెరిగిన ఉపరితల ప్రాంతం: నానో పదార్థాలు వాటి సాధారణ పరిమాణంలో ఉన్న పదార్థాల కంటే చాలా పెద్ద ఉపరితల ప్రాంతాన్ని కలిగి ఉంటాయి. ఇది నానో పదార్థాలను ఇతర పదార్థాలతో మరింత సులభంగా కలపడానికి లేదా అనుసంధానించడానికి అనుమతిస్తుంది.

కొత్త లక్షణాలు: నానో పదార్థాలు వాటి సాధారణ పరిమాణంలో ఉన్న పదార్థాల కంటే కొత్త లక్షణాలను ప్రదర్శించగలవు.

ఉదాహరణకు, నానోపదార్థాలు మరింత బలంగా, మరింత స్థిరంగా లేదా మరింత శక్తివంతంగా ఉండవచ్చు.

*   కొత్త అనువర్తనాలు: నానో పదార్థాల యొక్క కొత్త లక్షణాలు వాటిని అనేక కొత్త అనువర్తనాలకు అనుకూలంగా చేస్తాయి. ఉదాహరణకు, నానోపదార్థాలు కొత్త రకాల ఔషధాలు, వైద్య పరికరాలు, ఎలక్ట్రానిక్స్ మరియు నిర్మాణ పదార్థాలను రూపొందించడానికి ఉపయోగించబడతాయి.

నానో పదార్థాల యొక్క కొన్ని నిర్దిష్ట లక్షణాల ఉదాహరణలు:

*   **బంగారు నానోపదార్థాలు కంటికి కనిపించే కాంతిని గ్రహించడంలో మరింత సమర్థవంతంగా ఉంటాయి. ఇది బంగారు నానోపదార్థాలను కొత్త రకాల సౌర కణాలను రూపొందించడానికి ఉపయోగించడానికి అనుమతిస్తుంది.

*   **కార్బన్ నానోట్యూబ్‌లు చాలా బలంగా మరియు స్థిరంగా ఉంటాయి. ఇవి కొత్త రకాల నిర్మాణ పదార్థాలను రూపొందించడానికి ఉపయోగించబడతాయి.

*   **సెలినియం నానోపదార్థాలు మరింత సున్నితమైన సెన్సర్ లను రూపొందించడానికి ఉపయోగించబడతాయి.

నానో పదార్థాల యొక్క లక్షణాలు మరింత అధ్యయనం చేయబడుతున్నాయి. ఈ లక్షణాలను మరింత అర్థం చేసుకున్న తర్వాత, నానోటెక్నాలజీని మరింత సమర్థవంతంగా మరియు సురక్షితంగా ఉపయోగించడానికి మార్గాలను అభివృద్ధి చేయడానికి పరిశోధకులు చేయగలరు.

నానో పదార్థాల లక్షణీకరణ పద్ధతులు

నానోటెక్నాలజీ అనేది 1-100 నానోమీటర్ల పరిమాణంలోని పదార్థాలను అధ్యయనం చేయడం మరియు ఉపయోగించడం. ఈ పరిమాణంలో, పదార్థాలు వాటి సాధారణ పరిమాణంలో ఉన్నప్పుడు కంటే భిన్నమైన లక్షణాలను ప్రదర్శిస్తాయి. ఈ లక్షణాలను అర్థం చేసుకోవడానికి, నానో పదార్థాలను లక్షణీకరించడం చాలా ముఖ్యం.

నానో పదార్థాలను లక్షణీకరించడానికి అనేక పద్ధతులు ఉన్నాయి. ఈ పద్ధతులు నానో పదార్థాల యొక్క పరిమాణం, ఆకృతి, ఉపరితల లక్షణాలు, భౌతిక లక్షణాలు మరియు రసాయన లక్షణాలను కొలవడానికి ఉపయోగించబడతాయి.

నానో పదార్థాల లక్షణీకరణకు ఉపయోగించే కొన్ని ప్రాథమిక పద్ధతులు:

- ఎలక్ట్రాన్ మైక్రోస్కోపీ: ఎలక్ట్రాన్ మైక్రోస్కోపీ అనేది నానో పదార్థాల పరిమాణం మరియు ఆకృతిని కొలవడానికి ఉపయోగించే ఒక పద్ధతి.

- సాంద్రత కొలత: సాంద్రత కొలత అనేది నానో పదార్థాల యొక్క భౌతిక లక్షణాలను కొలవడానికి ఉపయోగించే ఒక పద్ధతి.

- థర్మల్ విశ్లేషణ: థర్మల్ విశ్లేషణ అనేది నానో పదార్థాల యొక్క రసాయన లక్షణాలను కొలవడానికి ఉపయోగించే ఒక పద్ధతి.

నానో పదార్థాల లక్షణీకరణకు ఉపయోగించే కొన్ని నిర్దిష్ట పద్ధతులు:

- ట్రాన్స్మిషన్ ఎలక్ట్రాన్ మైక్రోస్కోపీ (TEM): TEM అనేది నానో పదార్థాల యొక్క పరిమాణం, ఆకృతి మరియు ఉపరితల లక్షణాలను అధ్యయనం చేయడానికి ఉపయోగించే ఒక పద్ధతి.

- స్కానింగ్ ఎలక్ట్రాన్ మైక్రోస్కోపీ (SEM): SEM అనేది నానో పదార్థాల యొక్క ఉపరితల లక్షణాలను అధ్యయనం చేయడానికి ఉపయోగించే ఒక పద్ధతి.

- ఫర్మిక్ స్పెక్ట్రోస్కోపీ: ఫర్మిక్ స్పెక్ట్రోస్కోపీ అనేది నానో పదార్థాల యొక్క భౌతిక లక్షణాలను కొలవడానికి ఉపయోగించే ఒక పద్ధతి.

- రేడియోఫ్రీక్వెన్సీ స్పెక్ట్రోస్కోపీ: రేడియోఫ్రీక్వెన్సీ స్పెక్ట్రోస్కోపీ అనేది నానో పదార్థాల యొక్క రసాయన లక్షణాలను కొలవడానికి ఉపయోగించే ఒక పద్ధతి.

నానో పదార్థాల సంశ్లేషణ మరియు తయారీ

నానోటెక్నాలజీ అనేది 1-100 నానోమీటర్ల పరిమాణంలోని పదార్థాలను అధ్యయనం చేయడం మరియు ఉపయోగించడం. ఈ పరిమాణంలో, పదార్థాలు వాటి సాధారణ పరిమాణంలో ఉన్నప్పుడు కంటే భిన్నమైన లక్షణాలను ప్రదర్శిస్తాయి. ఈ లక్షణాలను సాధించడానికి, నానో పదార్థాలను నియంత్రితంగా సంశ్లేషించడం మరియు తయారు చేయడం చాలా ముఖ్యం.

నానో పదార్థాలను సంశ్లేషించడానికి మరియు తయారు చేయడానికి అనేక పద్ధతులు ఉన్నాయి. ఈ పద్ధతులు నానో పదార్థాల యొక్క రకం, వాటి అనువర్తనం మరియు అందుబాటులో ఉన్న సాంకేతికతపై ఆధారపడి ఉంటాయి.

నానో పదార్థాల సంశ్లేషణకు ఉపయోగించే కొన్ని ప్రాథమిక పద్ధతులు:

- భౌతిక పద్ధతులు: భౌతిక పద్ధతులు అనేవి నానో పదార్థాలను ఉష్ణం, ఒత్తిడి లేదా రాక్షస తరంగాలను ఉపయోగించి సంశ్లేషించే పద్ధతులు.

- రసాయన పద్ధతులు: రసాయన పద్ధతులు అనేవి నానో పదార్థాలను రసాయన ప్రతిచర్యల ద్వారా సంశ్లేషించే పద్ధతులు.

- జీవసంబంధ పద్ధతులు: జీవసంబంధ పద్ధతులు అనేవి నానో పదార్థాలను జీవసంబంధ వ్యవస్థలను ఉపయోగించి సంశ్లేషించే పద్ధతులు.

నానో పదార్థాల తయారీకి ఉపయోగించే కొన్ని ప్రాథమిక పద్ధతులు:

* అవక్షేపణ: అవక్షేపణ అనేది నానో పదార్థాలను ఒక ద్రవం నుండి ఒక ఘన స్థితిలోకి మార్చే ప్రక్రియ.

* వెల్డింగ్: వెల్డింగ్ అనేది నానో పదార్థాలను ఒకదానితో ఒకటి కలిపే ప్రక్రియ.

* కోతింగ్: కోతింగ్ అనేది నానో పదార్థాలను ఒక ఇతర పదార్థంతో కప్పే ప్రక్రియ.

నానో పదార్థాల సంశ్లేషణ మరియు తయారీలో కొన్ని సవాళ్లు:

* **నానో పదార్థాలను నియంత్రితంగా సంశ్లేషించడం మరియు తయారు చేయడం చాలా కష్టం.

* **నానో పదార్థాల సంశ్లేషణ మరియు తయారీ ఖరీదైనది.

* **నానో పదార్థాల సంశ్లేషణ మరియు తయారీలో కాలుష్యం ఒక సమస్య.

నానో పదార్థాల సంశ్లేషణ మరియు తయారీలో పరిశోధన కొనసాగుతోంది. ఈ పరిశోధన ద్వారా, నానో పదార్థాలను మరింత సమర్థవంతంగా మరియు సరసమైన ధరకే సంశ్లేషించడం మరియు తయారు చేయడం సాధ్యమవుతుంది.

నానోటెక్నాలజీలో టాప్-డౌన్ vs. బాటం-అప్ విధానాలు

నానోటెక్నాలజీ అనేది 1-100 నానోమీటర్ల పరిమాణంలోని పదార్థాలను అధ్యయనం చేయడం మరియు ఉపయోగించడం. ఈ పరిమాణంలో, పదార్థాలు వాటి సాధారణ పరిమాణంలో ఉన్నప్పుడు కంటే భిన్నమైన లక్షణాలను ప్రదర్శిస్తాయి. ఈ లక్షణాలను సాధించడానికి, నానో పదార్థాలను రూపొందించడానికి రెండు ప్రధాన విధానాలు ఉన్నాయి: టాప్-డౌన్ మరియు బాటం-అప్.

టాప్-డౌన్ విధానం

టాప్-డౌన్ విధానంలో, పెద్ద పరిమాణంలోని పదార్థాలను చిన్న చిన్న భాగాలుగా విభజించడం ద్వారా నానో పదార్థాలను రూపొందిస్తారు. ఈ విధానంలో, మొదట సాంప్రదాయ పద్ధతులను ఉపయోగించి పెద్ద పరిమాణంలోని పదార్థాన్ని తయారు చేస్తారు. ఆపై, ఈ పదార్థాన్ని భౌతిక లేదా రసాయన ప్రక్రియల ద్వారా చిన్న చిన్న భాగాలుగా విభజిస్తారు.

టాప్-డౌన్ విధానం యొక్క కొన్ని ప్రయోజనాలు:

ఈ విధానం చాలా వేగంగా మరియు సులభం.

ఈ విధానాన్ని ఉపయోగించి వివిధ రకాల నానో పదార్థాలను రూపొందించవచ్చు.

టాప్-డౌన్ విధానం యొక్క కొన్ని అప్రయోజనాలు:

ఈ విధానం ద్వారా తయారు చేసిన నానో పదార్థాలు తరచుగా అసమర్థవంతంగా ఉంటాయి.

- ఈ విధానం ద్వారా తయారు చేసిన నానో పదార్థాలు కలుషితంగా ఉంటాయి.

బాటం-అప్ విధానం

బాటం-అప్ విధానంలో, చిన్న చిన్న భాగాల నుండి నానో పదార్థాలను రూపొందిస్తారు. ఈ విధానంలో, మొదట చిన్న చిన్న భాగాలను ఉత్పత్తి చేసే పద్ధతులను అభివృద్ధి చేస్తారు. ఆపై, ఈ భాగాలను కలిపి నానో పదార్థాలను రూపొందిస్తారు.

బాటం-అప్ విధానం యొక్క కొన్ని ప్రయోజనాలు:

- ఈ విధానం ద్వారా తయారు చేసిన నానో పదార్థాలు సమర్థవంతంగా ఉంటాయి.
- ఈ విధానం ద్వారా తయారు చేసిన నానో పదార్థాలు కలుషితంగా ఉండవు.

బాటం-అప్ విధానం యొక్క కొన్ని అప్రయోజనాలు:

- ఈ విధానం చాలా నెమ్మదిగా మరియు ఖరీదైనది.
- ఈ విధానాన్ని ఉపయోగించి వివిధ రకాల నానో పదార్థాలను రూపొందించడం కష్టం.

Chapter 3: Progress in Nanoelectronics

అధ్యాయం 3: నానో ఎలక్ట్రానిక్స్‌లో పురోగతి

నానో పదార్థాలను ఉపయోగించి ఎలక్ట్రానిక్ పరికరాల మినీకరణం

నానోటెక్నాలజీ అనేది 1-100 నానోమీటర్ల పరిమాణంలోని పదార్థాలను అధ్యయనం చేయడం మరియు ఉపయోగించడం. ఈ పరిమాణంలో, పదార్థాలు వాటి సాధారణ పరిమాణంలో ఉన్నప్పుడు కంటే భిన్నమైన లక్షణాలను ప్రదర్శిస్తాయి. ఈ లక్షణాలను ఉపయోగించి, నానో పదార్థాలను ఉపయోగించి ఎలక్ట్రానిక్ పరికరాలను మినీకరించడానికి మార్గాలను పరిశోధకులు అన్వేషిస్తున్నారు.

నానో పదార్థాలను ఉపయోగించి ఎలక్ట్రానిక్ పరికరాలను మినీకరించడానికి అనేక ప్రయోజనాలు ఉన్నాయి.

- పరిమాణంలో తగ్గింపు: నానో పదార్థాలను ఉపయోగించి ఎలక్ట్రానిక్ పరికరాలను మినీకరించడం వల్ల వాటి పరిమాణంలో తగ్గింపు అవుతుంది. ఇది పరికరాలను మరింత తేలికగా మరియు తక్కువ శక్తిని వినియోగించేవిగా చేస్తుంది.

- పనితీరు మెరుగుదల: నానో పదార్థాలు కొన్ని సందర్భాల్లో సాధారణ పదార్థాల కంటే మెరుగైన లక్షణాలను

ప్రదర్శిస్తాయి. ఉదాహరణకు, నానో పదార్థాలు మరింత బలంగా, మరింత స్థిరంగా లేదా మరింత శక్తివంతంగా ఉండవచ్చు.

- కొత్త పరికరాల రూపకల్పన: నానో పదార్థాలను ఉపయోగించి కొత్త రకాల ఎలక్ట్రానిక్ పరికరాలను రూపొందించవచ్చు. ఉదాహరణకు, నానో పదార్థాలను ఉపయోగించి మరింత సున్నితమైన సెన్సార్లు లేదా మరింత శక్తివంతమైన ట్రాన్సిస్టర్లను రూపొందించవచ్చు.

నానో పదార్థాలను ఉపయోగించి ఎలక్ట్రానిక్ పరికరాలను మినీకరించడానికి అనేక పద్ధతులు ఉన్నాయి.

- నానో పదార్థాలను ఉపయోగించి ఎలక్ట్రానిక్ పరికరాల యొక్క భాగాలను తయారు చేయడం.

- నానో పదార్థాలను ఉపయోగించి ఎలక్ట్రానిక్ పరికరాల యొక్క పనితీరును మెరుగుపరచడం.

- నానో పదార్థాలను ఉపయోగించి ఎలక్ట్రానిక్ పరికరాల కొత్త రకాలను రూపొందించడం.

నానో పదార్థాలను ఉపయోగించి ఎలక్ట్రానిక్ పరికరాల మినీకరణ అనేది ఒక అభివృద్ధి చెందుతున్న రంగం. ఈ రంగంలో పరిశోధన కొనసాగుతోంది మరియు భవిష్యత్తులో నానో పదార్థాలను ఉపయోగించి ఎలక్ట్రానిక్ పరికరాలను మరింత మినీకరించడానికి మరియు వాటి పనితీరును మెరుగుపరచడానికి అనేక మార్గాలు కనుగొనబడతాయని భావిస్తున్నారు.

క్వాంటం కంప్యూటింగ్ మరియు నానోటెక్నాలజీ

క్వాంటం కంప్యూటింగ్ మరియు నానోటెక్నాలజీ అనేవి రెండు అభివృద్ధి చెందుతున్న సాంకేతికతలు, ఇవి మన జీవితాలను మార్చగల సామర్థ్యాన్ని కలిగి ఉన్నాయి. క్వాంటం కంప్యూటర్ లు సాంప్రదాయ కంప్యూటర్ల కంటే చాలా శక్తివంతంగా ఉంటాయి, అయితే అవి క్వాంటం ప్రపంచంలోని నమూనాలను ఉపయోగిస్తాయి. నానోటెక్నాలజీ అనేది 1-100 నానోమీటర్ల పరిమాణంలోని పదార్థాలను అధ్యయనం మరియు ఉపయోగించడం.

క్వాంటం కంప్యూటింగ్ మరియు నానోటెక్నాలజీ ఒకదానితో ఒకటి అనుసంధానించబడి ఉన్నాయి. క్వాంటం కంప్యూటర్ లను నిర్మించడానికి నానోటెక్నాలజీని ఉపయోగించవచ్చు. అదనంగా, క్వాంటం కంప్యూటింగ్ నానోటెక్నాలజీని మరింత అభివృద్ధి చేయడానికి ఉపయోగించవచ్చు.

క్వాంటం కంప్యూటింగ్ మరియు నానోటెక్నాలజీ యొక్క కొన్ని ఉపయోగాలు:

- ఔషధం: క్వాంటం కంప్యూటర్లను కొత్త ఔషధాలను రూపొందించడానికి, వ్యాధులను నిర్ధారించడానికి మరియు చికిత్స చేయడానికి ఉపయోగించవచ్చు.

- పదార్థాలు: క్వాంటం కంప్యూటర్లను కొత్త పదార్థాలను రూపొందించడానికి, పాత పదార్థాల లక్షణాలను మెరుగుపరచడానికి మరియు పర్యావరణాన్ని రక్షించడానికి ఉపయోగించవచ్చు.

- సమాచార సాంకేతికత: క్వాంటం కంప్యూటర్లను కొత్త రకాల సమాచార సాంకేతికతలను రూపొందించడానికి, సమాచార

భద్రతను మెరుగుపరచడానికి మరియు కొత్త రకాల కమ్యూనికేషన్లను అభివృద్ధి చేయడానికి ఉపయోగించవచ్చు.

- తయారీ: క్వాంటం కంప్యూటర్లను కొత్త రకాల ఉత్పత్తులను రూపొందించడానికి, ఉత్పత్తి ప్రక్రియలను మెరుగుపరచడానికి మరియు కొత్త పదార్థాలను ఉత్పత్తి చేయడానికి ఉపయోగించవచ్చు.

క్వాంటం కంప్యూటింగ్ మరియు నానోటెక్నాలజీ యొక్క భవిష్యత్తు:

క్వాంటం కంప్యూటింగ్ మరియు నానోటెక్నాలజీ రెండూ ఇంకా అభివృద్ధిలో ఉన్నాయి, కానీ అవి మన జీవితాలను మార్చగల సామర్ధ్యాన్ని కలిగి ఉన్నాయి. ఈ రెండు సాంకేతికతలు వృద్ధి చెందడంతో, మనం కొత్త ఆవిష్కరణలు మరియు మార్పులను చూస్తాము.

స్పిన్‌ట్రానిక్స్ మరియు ఇతర ఉత్పన్న నానో ఎలక్ట్రానిక్ టెక్నాలజీలు

స్పిన్‌ట్రానిక్స్ అనేది ఒక రకమైన ఎలక్ట్రానిక్స్, ఇది ఎలక్ట్రాన్‌ల స్పిన్‌ను ఉపయోగిస్తుంది. స్పిన్ అనేది ఎలక్ట్రాన్‌కు ఉండే ఒక అంతర్గత కక్ష్య కోణీయ మొమెంటం. ఇది ఎలక్ట్రాన్‌కు ఒక చిన్న మాగ్నెటిక్ క్షేత్రాన్ని కూడా ఇస్తుంది.

స్పిన్‌ట్రానిక్స్‌లో, ఎలక్ట్రాన్‌ల స్పిన్‌ను ఉపయోగించి సమాచారాన్ని నిల్వ చేయడానికి మరియు ప్రసారం చేయడానికి ఉపయోగించవచ్చు. ఇది సాంప్రదాయ ఎలక్ట్రానిక్స్ కంటే అనేక ప్రయోజనాలను కలిగి ఉంది. ఉదాహరణకు, స్పిన్‌ట్రానిక్స్ పరికరాలు మరింత శక్తిని ఆదా చేస్తాయి మరియు మరింత స్థిరంగా ఉంటాయి.

స్పిన్‌ట్రానిక్స్‌కు సంబంధించిన కొన్ని ఉత్పన్న నానో ఎలక్ట్రానిక్ టెక్నాలజీలు ఇక్కడ ఉన్నాయి:

స్పిన్ ట్రాన్సిస్టర్లు: స్పిన్ ట్రాన్సిస్టర్లు అనేవి స్పిన్‌ను ఉపయోగించి సమాచారాన్ని నిల్వ చేయడానికి మరియు ప్రసారం చేయడానికి ఉపయోగించే ట్రాన్సిస్టర్లు.

స్పిన్ ఫ్లో క్వాంటం కంప్యూటర్లు: స్పిన్ ఫ్లో క్వాంటం కంప్యూటర్లు అనేవి స్పిన్‌ను ఉపయోగించి సమాచారాన్ని ప్రాసెస్ చేయడానికి ఉపయోగించే క్వాంటం కంప్యూటర్లు.

స్పిన్ హెల్క్‌హోల్డ్‌ డివైస్‌లు: స్పిన్ హెల్క్‌హోల్డ్‌ డివైస్‌లు అనేవి స్పిన్‌ను ఉపయోగించి శక్తిని ఉత్పత్తి చేయడానికి లేదా సంరక్షించడానికి ఉపయోగించే డివైస్‌లు.

స్పిన్ట్రానిక్స్ మరియు ఇతర ఉత్పన్న నానో ఎలక్ట్రానిక్ టెక్నాలజీలు ఇంకా అభివృద్ధిలో ఉన్నాయి, కానీ అవి భవిష్యత్తులో కంప్యూటింగ్, టెలికామ్యూనికేషన్స్, మరియు ఇతర రంగాలలో విప్లవాత్మక మార్పులను తీసుకురాగల సామర్థ్యాన్ని కలిగి ఉన్నాయి.

స్పిన్ట్రానిక్స్ యొక్క కొన్ని ప్రయోజనాలు:

- స్పిన్ట్రానిక్స్ పరికరాలు మరింత శక్తిని ఆదా చేస్తాయి. ఎలక్ట్రాన్ల స్పిన్ను ఉపయోగించి సమాచారాన్ని నిల్వ చేయడానికి మరియు ప్రసారం చేయడానికి, స్పిన్ ట్రానిక్స్ పరికరాలు చాలా తక్కువ శక్తిని ఉపయోగిస్తాయి. ఇది మనం ఉపయోగించే విద్యుత్తు యొక్క మొత్తాన్ని తగ్గించడంలో సహాయపడుతుంది.

నానో ఎలక్ట్రానిక్స్‌లో సవాళ్లు మరియు భవిష్యత్ దిశలు

నానో ఎలక్ట్రానిక్స్ అనేది 1-100 నానోమీటర్ల పరిమాణంలోని పదార్థాలను ఉపయోగించి ఎలక్ట్రానిక్ పరికరాలను రూపొందించడం. ఇది ఒక అభివృద్ధి చెందుతున్న రంగం, ఇది అనేక సవాళ్లు మరియు అవకాశాలను కలిగి ఉంది.

నానో ఎలక్ట్రానిక్స్‌లోని కొన్ని సవాళ్లు:

- నానో పరికరాలను ఉత్పత్తి చేయడం: నానో పరికరాలు చాలా చిన్నవిగా ఉండటం వల్ల, వాటిని ఉత్పత్తి చేయడం చాలా కష్టం. ఈ సవాళ్లను అధిగమించడానికి, పరిశోధకులు కొత్త ఉత్పత్తి పద్ధతులను అభివృద్ధి చేస్తున్నారు.

- నానో పరికరాల స్థిరత్వం: నానో పరికరాలు చాలా చిన్నవిగా ఉండటం వల్ల, అవి పర్యావరణ కారకాలకు సున్నితంగా ఉంటాయి. ఈ సవాళ్లను అధిగమించడానికి, పరిశోధకులు నానో పరికరాలను మరింత స్థిరంగా చేయడానికి కొత్త పదార్థాలు మరియు నిర్మాణాలను అభివృద్ధి చేస్తున్నారు.

- నానో పరికరాల ధర: నానో పరికరాలను ఉత్పత్తి చేయడం చాలా ఖరీదైనది. ఈ సవాళ్లను అధిగమించడానికి, పరిశోధకులు నానో పరికరాల ఉత్పత్తిని తక్కువ ఖరీదైనదిగా చేయడానికి కొత్త పద్ధతులను అభివృద్ధి చేస్తున్నారు.

నానో ఎలక్ట్రానిక్స్‌లోని కొన్ని భవిష్యత్ దిశలు:

- స్పిన్‌ట్రానిక్స్: స్పిన్‌ట్రానిక్స్ అనేది ఒక రకమైన ఎలక్ట్రానిక్స్, ఇది ఎలక్ట్రాన్ల స్పిన్‌ను ఉపయోగిస్తుంది. స్పిన్ ట్రానిక్స్ పరికరాలు సాంప్రదాయ ఎలక్ట్రానిక్స్ పరికరాల

కంటే అనేక ప్రయోజనాలను కలిగి ఉన్నాయి, వీటిలో తక్కువ శక్తి వినియోగం, మెరుగైన పనితీరు మరియు మరింత స్థిరత్వం ఉన్నాయి.

* క్వాంటం ఎలక్ట్రానిక్స్: క్వాంటం ఎలక్ట్రానిక్స్ అనేది క్వాంటం భౌతిక శాస్త్రం యొక్క నియమాలను ఉపయోగించి ఎలక్ట్రానిక్ పరికరాలను రూపొందించడం. క్వాంటం ఎలక్ట్రానిక్స్ పరికరాలు సాంప్రదాయ ఎలక్ట్రానిక్స్ పరికరాల కంటే అనేక ప్రయోజనాలను కలిగి ఉన్నాయి, వీటిలో అద్భుతమైన పనితీరు మరియు శక్తి సామర్థ్యం ఉన్నాయి.

Chapter 4: Nanomedicine and Nanobiotechnology

అధ్యాయం 4: నానో వైద్యం మరియు నానోబయోటెక్నాలజీ

నానో పదార్థాలను ఉపయోగించి ఔషధాల పంపిణీ మరియు లక్ష్య చికిత్స

ఔషధాల పంపిణీ మరియు లక్ష్య చికిత్స అనేవి ఔషధ విజ్ఞానంలో ముఖ్యమైన అంశాలు. సాంప్రదాయ ఔషధాలను ఉపయోగించినప్పుడు, ఔషధాలు తరచుగా శరీరంలోని ప్రతి భాగానికి చేరుతాయి, ఫలితంగా కొన్ని సందర్భాల్లో దుష్ప్రభావాలు సంభవిస్తాయి.

నానో పదార్థాలను ఉపయోగించి ఔషధాల పంపిణీ మరియు లక్ష్య చికిత్సను మెరుగుపరచడానికి అనేక మార్గాలు ఉన్నాయి. నానో పదార్థాలను ఉపయోగించి, ఔషధాలను శరీరంలోని నిర్దిష్ట ప్రాంతాలకు లక్ష్యంగా చేసుకోవడం సాధ్యమవుతుంది. ఇది దుష్ప్రభావాలను తగ్గించడంలో మరియు చికిత్స యొక్క ప్రభావాన్ని మెరుగుపరచడంలో సహాయపడుతుంది.

నానో పదార్థాలను ఉపయోగించి ఔషధాల పంపిణీ మరియు లక్ష్య చికిత్స కోసం కొన్ని ఉదాహరణలు:

- నానో డెలివరీ సిస్టమ్‌లు: నానో డెలివరీ సిస్టమ్‌లు అనేవి ఔషధాలను శరీరంలోని నిర్దిష్ట ప్రాంతాలకు చేర్చడానికి ఉపయోగించే చిన్న డివైస్‌లు. వీటిని ఔషధాలను శరీరంలోకి తీసుకోవడానికి మరింత సమర్థవంతమైన మరియు ఖచ్చితమైన మార్గంగా ఉపయోగించవచ్చు.

- నానో టెక్నాలజీని ఉపయోగించి ఔషధాల తయారీ: నానో టెక్నాలజీని ఉపయోగించి, ఔషధాలను మరింత సమర్థవంతంగా మరియు ఖచ్చితంగా తయారు చేయడం సాధ్యమవుతుంది. ఇది ఔషధాల యొక్క శక్తి మరియు ఖచ్చితత్వాన్ని మెరుగుపరచడంలో సహాయపడుతుంది.

- నానో టెక్నాలజీని ఉపయోగించి ఔషధాల పరీక్ష: నానో టెక్నాలజీని ఉపయోగించి, ఔషధాలను మరింత ఖచ్చితంగా మరియు తక్కువ ఖరీదైన విధంగా పరీక్షించడం సాధ్యమవుతుంది. ఇది కొత్త ఔషధాలను అభివృద్ధి చేయడానికి మరియు వాటి సురక్షితత మరియు ప్రభావాన్ని నిర్ధారించడానికి సహాయపడుతుంది.

నానో పదార్థాలను ఉపయోగించి ఔషధాల పంపిణీ మరియు లక్ష్య చికిత్స భవిష్యత్తులో అనేక ప్రయోజనాలను అందిస్తుంది. ఇది ఔషధాల యొక్క ఖచ్చితత్వాన్ని మెరుగుపరచడానికి, దుష్ప్రభావాలను తగ్గించడానికి మరియు కొత్త ఔషధాలను అభివృద్ధి చేయడానికి సహాయపడుతుంది.

నానోటెక్నాలజీతో కణజాల ఇంజనీరింగ్ మరియు పునరుత్పాదక వైద్యం

కణజాల ఇంజనీరింగ్ అనేది దెబ్బతిన్న లేదా కోల్పోయిన కణజాలాలను మరియు అవయవాలను పునరుత్పత్తి చేయడానికి ఉపయోగించే ఒక వైద్యశాస్త్రం. పునరుత్పాదక వైద్యం అనేది దెబ్బతిన్న లేదా కోల్పోయిన కణజాలాలను మరియు అవయవాలను పునరుత్పత్తి చేయడానికి ఉపయోగించే వైద్య విధానాల సమితి.

నానోటెక్నాలజీ అనేది 1-100 నానోమీటర్ల పరిమాణంలోని పదార్థాలను అధ్యయనం మరియు ఉపయోగించడం. నానోటెక్నాలజీని కణజాల ఇంజనీరింగ్ మరియు పునరుత్పాదక వైద్యంలో అనేక విధాలుగా ఉపయోగించవచ్చు.

నానోటెక్నాలజీని ఉపయోగించి కణజాల ఇంజనీరింగ్ మరియు పునరుత్పాదక వైద్యంలో ఉపయోగించే కొన్ని ఉదాహరణలు:

నానో పదార్థాలను ఉపయోగించి కణాలను పెంచడానికి మరియు మార్చడానికి: నానో పదార్థాలను ఉపయోగించి, కణాలను పెంచడానికి మరియు మార్చడానికి మరింత సమర్థవంతమైన మార్గాలను అభివృద్ధి చేయవచ్చు. ఇది కణజాలాలను పునరుత్పత్తి చేయడానికి మరియు కొత్త అవయవాలను రూపొందించడానికి సహాయపడుతుంది.

నానో పదార్థాలను ఉపయోగించి కణాలను నిర్వహించడానికి మరియు పంపిణీ చేయడానికి: నానో పదార్థాలను ఉపయోగించి, కణాలను నిర్వహించడానికి మరియు పంపిణీ చేయడానికి మరింత సమర్థవంతమైన మార్గాలను అభివృద్ధి

చేయవచ్చు. ఇది కణజాలాన్ని పునరుత్పత్తి చేయడానికి మరియు కొత్త అవయవాలను రూపొందించడానికి సహాయపడుతుంది.

- నానో పదార్థాలను ఉపయోగించి కణజాలాన్ని రక్షించడానికి: నానో పదార్థాలను ఉపయోగించి, కణజాలాన్ని రక్షించడానికి మరింత సమర్థవంతమైన మార్గాలను అభివృద్ధి చేయవచ్చు. ఇది కణజాలాన్ని దెబ్బతినకుండా కాపాడుకోవడానికి మరియు పునరుత్పత్తి చేయడానికి సహాయపడుతుంది.

నానోటెక్నాలజీతో కణజాల ఇంజనీరింగ్ మరియు పునరుత్పాదక వైద్యం భవిష్యత్తులో అనేక ప్రయోజనాలను అందిస్తుంది. ఇది కణజాలాన్ని పునరుత్పత్తి చేయడానికి మరియు కొత్త అవయవాలను రూపొందించడానికి మరింత సమర్థవంతమైన మార్గాలను అందిస్తుంది. ఇది అనేక వ్యాధులను చికిత్స చేయడానికి మరియు ప్రజల జీవితాలను మెరుగుపరచడానికి సహాయపడుతుంది.

నానో పదార్థాల ఆధారంగా బయోసెన్సార్లు మరియు రోగనిర్ధారణలు

బయోసెన్సార్లు అనేవి జీవసంబంధిత కారకాలను, వీటిలో వ్యాధి లక్షణాలు, రసాయనాలు మరియు కణాలు ఉన్నాయి, వాటి ఏకాగ్రతను లేదా ఉనికిని కొలవడానికి ఉపయోగించే పరికరాలు. రోగనిర్ధారణ అనేది వ్యాధిని గుర్తించడానికి మరియు దానిని ఎలా చికిత్స చేయాలో నిర్ణయించడానికి ఉపయోగించే ప్రక్రియ.

నానోటెక్నాలజీ అనేది 1-100 నానోమీటర్ల పరిమాణంలోని పదార్థాలను అధ్యయనం మరియు ఉపయోగించడం. నానోటెక్నాలజీని బయోసెన్సార్లు మరియు రోగనిర్ధారణలో అనేక విధాలుగా ఉపయోగించవచ్చు.

నానోటెక్నాలజీని ఉపయోగించి బయోసెన్సార్లు మరియు రోగనిర్ధారణలో ఉపయోగించే కొన్ని ఉదాహరణలు:

- నానో పదార్థాలను ఉపయోగించి సున్నితమైన బయోసెన్సార్లను అభివృద్ధి చేయడానికి: నానో పదార్థాలు వ్యాధి లక్షణాలను కొలవడానికి మరింత సున్నితమైన మరియు ఖచ్చితమైన మార్గాలను అందించగలవు.

- నానో పదార్థాలను ఉపయోగించి లక్ష్యిత బయోసెన్సార్లను అభివృద్ధి చేయడానికి: నానో పదార్థాలు వ్యాధి లక్షణాలను కేంద్రీకరించడానికి మరియు కొలవడానికి మరింత సమర్థవంతమైన మార్గాలను అందించగలవు.

- నానో పదార్థాలను ఉపయోగించి కొత్త రకాల రోగనిర్ధారణ పద్ధతులను అభివృద్ధి చేయడానికి: నానో పదార్థాలు వ్యాధిని

మరింత త్వరగా మరియు ఖచ్చితంగా గుర్తించడానికి మరియు చికిత్స చేయడానికి కొత్త మార్గాలను అందించగలవు.

నానోటెక్నాలజీతో బయోసెన్సార్లు మరియు రోగనిర్ధారణ భవిష్యత్తులో అనేక ప్రయోజనాలను అందిస్తుంది. ఇది వ్యాధిని మరింత త్వరగా మరియు ఖచ్చితంగా గుర్తించడానికి, చికిత్సను మెరుగుపరచడానికి మరియు ప్రజల జీవితాలను పొడిగించడానికి సహాయపడుతుంది.

నానోటెక్నాలజీతో బయోసెన్సార్లను మరియు రోగనిర్ధారణను మెరుగుపరచడానికి కొన్ని ప్రస్తుత పరిశోధనలు:

- నానో పదార్థాలను ఉపయోగించి క్యాన్సర్ కణాలను గుర్తించడానికి కొత్త బయోసెన్సార్లను అభివృద్ధి చేయడం.

- నానో పదార్థాలను ఉపయోగించి గుండె జబ్బులను మరియు ఇతర వ్యాధులను గుర్తించడానికి కొత్త రోగనిర్ధారణ పద్ధతులను అభివృద్ధి చేయడం.

నానో వైద్యంలో నీతి మరియు భద్రతా ఆందోళనలు

నానోటెక్నాలజీ అనేది 1-100 నానోమీటర్ల పరిమాణంలోని పదార్థాలను అధ్యయనం మరియు ఉపయోగించడం. నానోటెక్నాలజీని వైద్యంలో అనేక విధాలుగా ఉపయోగించవచ్చు, వీటిలో ఔషధాల పంపిణీ, కణజాల ఇంజనీరింగ్ మరియు రోగనిర్ధారణ ఉన్నాయి.

నానో వైద్యంలో అనేక నీతి మరియు భద్రతా ఆందోళనలు ఉన్నాయి. కొన్ని ముఖ్యమైన ఆందోళనలు ఇక్కడ ఉన్నాయి:

- నైతికత: నానో వైద్యం యొక్క కొన్ని అనువర్తనాలు నైతికంగా సవాళ్లను సృష్టించగలవు. ఉదాహరణకు, నానో పదార్థాలను ఉపయోగించి మానవులు లేదా జంతువుల పనితీరును మెరుగుపరచడం లేదా కొత్త జీవులను సృష్టించడం వంటివి కొంతమంది నైతికంగా సమస్యగా భావించవచ్చు.

- భద్రత: నానో వైద్యంలో ఉపయోగించే కొన్ని నానో పదార్థాలు హానికరమైనవి కావచ్చు. ఉదాహరణకు, నానో పదార్థాలు కణాలకు లేదా కణజాలానికి నష్టం కలిగించవచ్చు.

- సమానత్వం: నానో వైద్యం యొక్క ప్రయోజనాలు అందరికీ అందుబాటులో ఉంటుందని నిర్ధారించడం ముఖ్యం. నానో వైద్యం ఖరీదైనదిగా ఉంటే, అది అధిక-ఆదాయ వ్యక్తులకు మాత్రమే అందుబాటులో ఉండవచ్చు.

నానో వైద్యంలోని నీతి మరియు భద్రతా ఆందోళనలను పరిష్కరించడానికి, పరిశోధకులు, చట్టమేర్పరచుకునేవారు మరియు సమాజం మొత్తం కలిసి పని చేయాలి. కొన్ని ముఖ్యమైన పరిష్కారాలు ఇక్కడ ఉన్నాయి:

- నైతిక నియంత్రణలు: నానో వైద్యం యొక్క అభివృద్ధి మరియు ఉపయోగానికి నైతిక నియంత్రణలు ఉండాలి. ఈ నియంత్రణలు నానో వైద్యం యొక్క మంచి మరియు చెడు ప్రభావాలను పరిగణనలోకి తీసుకోవాలి.

- భద్రతా పరీక్షలు: నానో వైద్యంలో ఉపయోగించే కొన్ని నానో పదార్థాలు హానికరమైనవి కావచ్చు. ఈ పదార్థాల భద్రతను నిర్ధారించడానికి విస్తృతమైన భద్రతా పరీక్షలు నిర్వహించాలి.

- అందరికీ అందుబాటు: నానో వైద్యం యొక్క ప్రయోజనాలు అందరికీ అందుబాటులో ఉండేలా చూసుకోవాలి. నానో వైద్యం ఖరీదైనదిగా ఉంటే, దానిని సహకరించే నిధులు లేదా ప్రోగ్రామ్‌లు అందుబాటులో ఉండాలి.

Chapter 5: Nanoenvironmental Applications

అధ్యాయం 5: నానో పర్యావరణ అనువర్తనాలు

నానో పదార్థాలతో నీటి శుద్ధీకరణ మరియు కాలుష్య నివారణ

నానోటెక్నాలజీ అనేది 1-100 నానోమీటర్ల పరిమాణంలోని పదార్థాలను అధ్యయనం మరియు ఉపయోగించడం. నానోటెక్నాలజీని నీటి శుద్ధీకరణ మరియు కాలుష్య నివారణలో అనేక విధాలుగా ఉపయోగించవచ్చు.

నానో పదార్థాలను ఉపయోగించి నీటి శుద్ధీకరణలో ఉపయోగించే కొన్ని ఉదాహరణలు:

నానో ఫిల్టర్లు: నానో ఫిల్టర్లు నీటి నుండి చిన్న కణాలు మరియు అణువులను తొలగించడానికి ఉపయోగించే ఫిల్టర్లు.

నానోసెన్సార్లు: నానోసెన్సార్లు నీటిలోని కలుషితాలను గుర్తించడానికి ఉపయోగించే పరికరాలు.

నానోకేటలిస్టులు: నానోకేటలిస్టులు నీటిలోని కాలుషితాలను విచ్ఛిన్నం చేయడానికి ఉపయోగించే పదార్థాలు.

నానో పదార్థాలను ఉపయోగించి కాలుష్య నివారణలో ఉపయోగించే కొన్ని ఉదాహరణలు:

- నానో పదార్థాలను ఉపయోగించి చమురు లీక్‌లను నివారించడం లేదా పరిష్కరించడం.

- నానో పదార్థాలను ఉపయోగించి గాలి కాలుష్యాన్ని తగ్గించడం.

- నానో పదార్థాలను ఉపయోగించి నీటి కాలుష్యాన్ని నివారించడం.

నానోటెక్నాలజీ నీటి శుద్ధీకరణ మరియు కాలుష్య నివారణలో అనేక ప్రయోజనాలను అందిస్తుంది. ఇది నీటిని మరింత సమర్థవంతంగా మరియు ఖచ్చితంగా శుద్ధి చేయడానికి, కలుషితాలను మరింత సమర్థవంతంగా నివారించడానికి మరియు కాలుష్యాన్ని తగ్గించడానికి సహాయపడుతుంది.

నానోటెక్నాలజీ నీటి శుద్ధీకరణ మరియు కాలుష్య నివారణలో కొన్ని ప్రస్తుత పరిశోధనలు:

- నానో ఫిల్టర్లను మరింత సమర్థవంతంగా మరియు తక్కువ ఖరీదైనవిగా చేయడానికి పరిశోధనలు జరుగుతున్నాయి.

- నానోసెన్సర్లను మరింత సున్నితంగా మరియు ఖచ్చితంగా చేయడానికి పరిశోధనలు జరుగుతున్నాయి.

- నానోకేటలిస్టులను మరింత సమర్థవంతంగా మరియు స్థిరంగా చేయడానికి పరిశోధనలు జరుగుతున్నాయి.

నానోటెక్నాలజీ నీటి శుద్ధీకరణ మరియు కాలుష్య నివారణలో భవిష్యత్తులో ఒక ముఖ్యమైన పాత్ర పోషిస్తుందని భావిస్తున్నారు. ఇది ప్రపంచవ్యాప్తంగా నీటి నాణ్యతను మెరుగుపరచడానికి మరియు కాలుష్యాన్ని తగ్గించడానికి సహాయపడుతుంది.

నానోటెక్నాలజీని ఉపయోగించి శక్తి సేకరణ మరియు నిల్వ

నానోటెక్నాలజీ అనేది 1-100 నానోమీటర్ల పరిమాణంలోని పదార్థాలను అధ్యయనం మరియు ఉపయోగించడం. నానోటెక్నాలజీని శక్తి సేకరణ మరియు నిల్వలో అనేక విధాలుగా ఉపయోగించవచ్చు.

నానోటెక్నాలజీని ఉపయోగించి శక్తి సేకరణలో ఉపయోగించే కొన్ని ఉదాహరణలు:

- సౌర శక్తి సేకరణ: నానో పదార్థాలను సౌర శక్తిని మరింత సమర్థవంతంగా మరియు ఖచ్చితంగా సేకరించడానికి ఉపయోగించవచ్చు. ఉదాహరణకు, నానో పదార్థాలను ఉపయోగించి సౌర కణాలను మరింత సమర్థవంతంగా తయారు చేయవచ్చు.

- గాలి శక్తి సేకరణ: నానో పదార్థాలను గాలి నుండి శక్తిని సేకరించడానికి ఉపయోగించవచ్చు. ఉదాహరణకు, నానో పదార్థాలను ఉపయోగించి గాలి టర్బైన్లను మరింత సమర్థవంతంగా చేయవచ్చు.

- బయోమాస్ శక్తి సేకరణ: నానో పదార్థాలను బయోమాస్ నుండి శక్తిని సేకరించడానికి ఉపయోగించవచ్చు. ఉదాహరణకు, నానో పదార్థాలను ఉపయోగించి బయోమాస్ నుండి ఇథనాల్ ను తయారు చేయడం మరింత సమర్థవంతంగా చేయవచ్చు.

నానోటెక్నాలజీని ఉపయోగించి శక్తి నిల్వలో ఉపయోగించే కొన్ని ఉదాహరణలు:

- లిథియం-అయాన్ బ్యాటరీలు: నానో పదార్థాలను లిథియం-అయాన్ బ్యాటరీలను మరింత సమర్థవంతంగా మరియు స్థిరంగా చేయడానికి ఉపయోగించవచ్చు. ఉదాహరణకు, నానో పదార్థాలను ఉపయోగించి లిథియం-అయాన్ బ్యాటరీలలోని ఎలక్ట్రోడ్లను మెరుగుపరచవచ్చు.

- సోడియం-అయాన్ బ్యాటరీలు: నానో పదార్థాలను సోడియం-అయాన్ బ్యాటరీలను అభివృద్ధి చేయడానికి ఉపయోగించవచ్చు. సోడియం-అయాన్ బ్యాటరీలు లిథియం-అయాన్ బ్యాటరీల కంటే తక్కువ ఖరీదైనవి మరియు స్థిరమైనవి.

- సామర్థ్యం-పెంచే పదార్థాలు: నానో పదార్థాలను శక్తిని నిల్వ చేయడానికి సామర్థ్యం కలిగిన పదార్థాలను అభివృద్ధి చేయడానికి ఉపయోగించవచ్చు. ఉదాహరణకు, నానో పదార్థాలను ఉపయోగించి హైడ్రోజన్ను మరింత సమర్థవంతంగా నిల్వ చేయడానికి సామర్థ్యం కలిగిన పదార్థాలను అభివృద్ధి చేయవచ్చు.

సస్టెయినబుల్ పదార్థాలు మరియు గ్రీన్ నానోటెక్నాలజీలు

సస్టెయినబుల్ పదార్థాలు అనేవి వాటి ఉత్పత్తి, ఉపయోగం మరియు తొలగింపులో పర్యావరణ ప్రభావాన్ని తగ్గించే పదార్థాలు. గ్రీన్ నానోటెక్నాలజీలు అనేవి పర్యావరణ సమస్యలను పరిష్కరించడానికి లేదా సహాయపడటానికి నానోటెక్నాలజీని ఉపయోగించే పద్ధతులు.

సస్టెయినబుల్ పదార్థాలు మరియు గ్రీన్ నానోటెక్నాలజీలు ఒకదానికొకటి చాలా సంబంధం కలిగి ఉన్నాయి. సస్టెయినబుల్ పదార్థాలను ఉత్పత్తి చేయడానికి మరియు ఉపయోగించడానికి నానోటెక్నాలజీని ఉపయోగించవచ్చు. అదేవిధంగా, గ్రీన్ నానోటెక్నాలజీలను ఉపయోగించి సస్టెయినబుల్ పదార్థాలను అభివృద్ధి చేయవచ్చు.

సస్టెయినబుల్ పదార్థాల ఉత్పత్తిలో నానోటెక్నాలజీ యొక్క ప్రయోజనాలు

నానోటెక్నాలజీని సస్టెయినబుల్ పదార్థాల ఉత్పత్తిలో అనేక విధాలుగా ఉపయోగించవచ్చు. కొన్ని ఉదాహరణలు ఇక్కడ ఉన్నాయి:

- నూతన సామగ్రిని అభివృద్ధి చేయడానికి నానోటెక్నాలజీని ఉపయోగించవచ్చు. ఉదాహరణకు, నానోటెక్నాలజీని ఉపయోగించి తక్కువ శక్తిని ఉపయోగించే మరియు తక్కువ వ్యర్థాలను ఉత్పత్తి చేసే కొత్త రకాల ప్లాస్టిక్లను అభివృద్ధి చేయవచ్చు.

- పదార్థాల యొక్క లక్షణాలను మెరుగుపరచడానికి నానోటెక్నాలజీని ఉపయోగించవచ్చు. ఉదాహరణకు,

నానోటెక్నాలజీని ఉపయోగించి మరింత బలంగా మరియు దీర్ఘకాలికంగా ఉండే కొత్త రకాల లోహలను అభివృద్ధి చేయవచ్చు.

- పదార్థాలను పునర్వినియోగం లేదా రీసైక్లింగ్ చేయడాన్ని సులభతరం చేయడానికి నానోటెక్నాలజీని ఉపయోగించవచ్చు. ఉదాహరణకు, నానోటెక్నాలజీని ఉపయోగించి వివిధ రకాల పదార్థాలను సులభంగా విడదీయగల కొత్త రకాల పదార్థాలను అభివృద్ధి చేయవచ్చు.

నానో పదార్థాల పర్యావరణ ప్రభావ అంచనా

నానోటెక్నాలజీ అనేది 1-100 నానోమీటర్ల పరిమాణంలోని పదార్థాలను అధ్యయనం మరియు ఉపయోగించడం. నానోటెక్నాలజీని అనేక రంగాలలో ఉపయోగించవచ్చు, వీటిలో వైద్యం, శక్తి పదార్థాలు మరియు పర్యావరణం ఉన్నాయి.

నానోటెక్నాలజీ యొక్క పర్యావరణ ప్రభావాన్ని అంచనా వేయడం చాలా ముఖ్యం. నానో పదార్థాలు పర్యావరణానికి ప్రమాదకరంగా ఉండవచ్చు లేదా చాలా ప్రయోజనకరంగా ఉండవచ్చు.

నానో పదార్థాల పర్యావరణ ప్రభావంపై పరిశోధన

నానో పదార్థాల పర్యావరణ ప్రభావంపై పరిశోధన ఇప్పటికీ ప్రారంభ దశలో ఉంది. అయితే, పరిశోధనలు నానో పదార్థాలు పర్యావరణానికి అనేక విధాలుగా ప్రభావం చూపుతాయని సూచిస్తున్నాయి.

నానో పదార్థాలు పర్యావరణానికి ఎలా ప్రభావం చూపుతాయి

నానో పదార్థాలు పర్యావరణానికి ప్రభావం చూపే కొన్ని మార్గాలు ఇక్కడ ఉన్నాయి:

నానో పదార్థాలు భూమి, నీరు మరియు గాలిలోకి విడుదల చేయబడతాయి. ఈ పదార్థాలు పర్యావరణంలోకి ప్రవేశించినప్పుడు, అవి జీవులకు హానికరం కావచ్చు.

- నానో పదార్థాలు పర్యావరణంలో నిల్వ చేయబడతాయి. ఈ పదార్థాలు పర్యావరణంలో నిల్వ చేయబడినప్పుడు, అవి దీర్ఘకాలిక ప్రభావాలను కలిగిస్తాయి.

- నానో పదార్థాలు పర్యావరణాన్ని మార్చవచ్చు. ఉదాహరణకు, నానో పదార్థాలు సూర్యకాంతిని పీల్చుకోవడం ద్వారా వాతావరణ మార్పులను ప్రేరేపించవచ్చు.

నానో పదార్థాల పర్యావరణ ప్రభావాన్ని తగ్గించడానికి చర్యలు

నానో పదార్థాల పర్యావరణ ప్రభావాన్ని తగ్గించడానికి కొన్ని చర్యలు ఇక్కడ ఉన్నాయి:

- నానో పదార్థాల ఉత్పత్తి మరియు ఉపయోగాన్ని తగ్గించడం.

- నానో పదార్థాలను భూమి, నీరు మరియు గాలిలోకి విడుదల చేయకుండా నిరోధించడం.

- నానో పదార్థాలను పర్యావరణం నుండి తొలగించడానికి కొత్త పద్ధతులను అభివృద్ధి చేయడం.

నానోటెక్నాలజీ యొక్క పర్యావరణ ప్రభావాన్ని అర్థం చేసుకోవడం చాలా ముఖ్యం. ఈ ప్రభావాలను తగ్గించడానికి చర్యలు తీసుకోవడం ద్వారా, నానోటెక్నాలజీని మరింత సుస్థిరంగా మరియు సురక్షితంగా ఉపయోగించవచ్చు.

Chapter 6: Societal and Economic Implications of Nanotechnology

అధ్యాయం 6: నానోటెక్నాలజీ యొక్క సామాజిక మరియు ఆర్థిక ప్రభావాలు

నానోటెక్నాలజీ యొక్క ఆర్థిక అవకాశాలు

నానోటెక్నాలజీ అనేది 1-100 నానోమీటర్ల పరిమాణంలోని పదార్థాలను అధ్యయనం మరియు ఉపయోగించడం. ఇది ఒక ఉద్భవిస్తున్న రంగం, ఇది అనేక రంగాలలో విప్లవాత్మక మార్పులను తెచ్చే సామర్థ్యాన్ని కలిగి ఉంది.

నానోటెక్నాలజీ యొక్క ఆర్థిక అవకాశాలు చాలా పెద్దవిగా ఉన్నాయి. ప్రపంచ ఆర్థిక సంస్థ (IMF) ప్రకారం, 2030 నాటికి నానోటెక్నాలజీ ప్రపంచ ఆర్థిక వ్యవస్థకు $10 ట్రిలియన్లకు పైగా ఆదాయాన్ని జోడించగలదు.

నానోటెక్నాలజీ యొక్క కొన్ని ప్రధాన ఆర్థిక అవకాశాలు ఇక్కడ ఉన్నాయి:

- నూతన ఉత్పత్తులు మరియు సేవల అభివృద్ధి: నానోటెక్నాలజీని ఉపయోగించి కొత్త రకాల ఉత్పత్తులు మరియు సేవలను అభివృద్ధి చేయవచ్చు. ఉదాహరణకు, నానోటెక్నాలజీని ఉపయోగించి మరింత శక్తి-సమర్థవంతమైన ఇంజన్లు, మరింత సురక్షితమైన ఔషధాలు

మరియు మరింత స్థిరమైన పదార్థాలను అభివృద్ధి చేయవచ్చు.

* ఉత్పాదన ప్రక్రియల మెరుగుదల: నానోటెక్నాలజీని ఉపయోగించి ఉత్పాదన ప్రక్రియలను మెరుగుపరచవచ్చు. ఉదాహరణకు, నానోటెక్నాలజీని ఉపయోగించి ఉత్పత్తులను మరింత సమర్థవంతంగా మరియు తక్కువ వ్యర్థాలతో తయారు చేయవచ్చు.

* సేవలను మెరుగుపరచడం: నానోటెక్నాలజీని ఉపయోగించి సేవలను మెరుగుపరచవచ్చు. ఉదాహరణకు, నానోటెక్నాలజీని ఉపయోగించి వైద్య పరీక్షలను మరింత ఖచ్చితంగా మరియు తక్కువ ఖరీదైనదిగా చేయవచ్చు.

నానోటెక్నాలజీ యొక్క సవాళ్లు

నానోటెక్నాలజీ అనేది ఒక ఉద్భవిస్తున్న రంగం, ఇది అనేక సవాళ్లను కూడా ఎదుర్కొంటోంది. ఈ సవాళ్లలో కొన్ని ఇక్కడ ఉన్నాయి:

* నానో పదార్థాల భద్రత: నానో పదార్థాలు జీవులకు హానికరం కావచ్చు. నానో పదార్థాల భద్రతను అంచనా వేయడం మరియు నియంత్రించడం ఒక సవాలు.

* నానోటెక్నాలజీ యొక్క ధర: నానోటెక్నాలజీ ఉత్పత్తులు మరియు సేవలు ఖరీదైనవిగా ఉండవచ్చు. నానోటెక్నాలజీని మరింత అందుబాటులో ఉంచడానికి ఖర్చులను తగ్గించడం అవసరం.

నానోటెక్నాలజీ పరిశ్రమలో ఉద్యోగ సృష్టి మరియు కార్మిక దళ అభివృద్ధి

నానోటెక్నాలజీ అనేది 1-100 నానోమీటర్ల పరిమాణంలోని పదార్థాలను అధ్యయనం మరియు ఉపయోగించడం. ఇది ఒక ఉద్భవిస్తున్న రంగం, ఇది అనేక రంగాలలో విప్లవాత్మక మార్పులను తెచ్చే సామర్థ్యాన్ని కలిగి ఉంది.

నానోటెక్నాలజీ పరిశ్రమ వేగంగా అభివృద్ధి చెందుతోంది, మరియు దీనితో పాటు ఉద్యోగ సృష్టి కూడా జరుగుతోంది. ప్రపంచ ఆర్థిక సంస్థ (IMF) ప్రకారం, 2030 నాటికి నానోటెక్నాలజీ పరిశ్రమ ప్రపంచవ్యాప్తంగా 26 మిలియన్లకు పైగా ఉద్యోగాలను సృష్టిస్తుంది.

నానోటెక్నాలజీ పరిశ్రమలో అనేక రకాల ఉద్యోగాలు అందుబాటులో ఉన్నాయి. ఈ ఉద్యోగాలు సాంకేతిక, శాస్త్రీయ, మరియు వ్యాపార రంగాలను కలిగి ఉన్నాయి. కొన్ని ప్రధాన ఉద్యోగాల రకాలు ఇక్కడ ఉన్నాయి:

- నానోటెక్నాలజీ పరిశోధకులు: నానోటెక్నాలజీ కొత్త ఉత్పత్తులు మరియు సాంకేతికతలను అభివృద్ధి చేయడానికి పని చేస్తారు.

- నానోటెక్నాలజీ ఇంజనీర్లు: నానోటెక్నాలజీ ఉత్పత్తులు మరియు సాంకేతికతలను రూపొందించడానికి మరియు అభివృద్ధి చేయడానికి పని చేస్తారు.

- నానోటెక్నాలజీ ఉత్పత్తి నిర్వాహకులు: నానోటెక్నాలజీ ఉత్పత్తులను ఉత్పత్తి చేయడానికి మరియు విక్రయించడానికి పని చేస్తారు.

- నానోటెక్నాలజీ మార్కెటింగ్ నిపుణులు: నానోటెక్నాలజీ ఉత్పత్తులు మరియు సాంకేతికతలను మార్కెట్ చేయడానికి పని చేస్తారు.

నానోటెక్నాలజీ పరిశ్రమలో ఉద్యోగం పొందడానికి, అభ్యర్థులు తరచుగా సాంకేతిక, శాస్త్రియ, లేదా వ్యాపార రంగాలలో ఉన్నత విద్యను కలిగి ఉండాలి. నానోటెక్నాలజీలో శిక్షణ పొందిన కార్మికులకు డిమాండ్ ఎక్కువగా ఉంది, మరియు ఈ రంగంలో ఉద్యోగ అవకాశాలు పెరుగుతున్న కొద్దీ, శిక్షణ యొక్క ప్రాముఖ్యత కూడా పెరుగుతుంది.

నానోటెక్నాలజీ పరిశ్రమలో కార్మిక దళ అభివృద్ధి కోసం అనేక ప్రభుత్వ మరియు ప్రైవేట్ సంస్థలు పని చేస్తున్నాయి. ఈ ప్రయత్నాలు నానోటెక్నాలజీలో శిక్షణ పొందిన కార్మికుల సంఖ్యను పెంచడానికి మరియు ఈ రంగంలో ఉద్యోగ అవకాశాలను మెరుగుపరచడానికి ఉద్దేశించబడ్డాయి.

నానోటెక్నాలజీ యొక్క నియంత్రణ మరియు పరిపాలన

నానోటెక్నాలజీ అనేది 1-100 నానోమీటర్ల పరిమాణంలోని పదార్థాలను అధ్యయనం మరియు ఉపయోగించడం. ఇది ఒక ఉద్భవిస్తున్న రంగం, ఇది అనేక రంగాలలో విప్లవాత్మక మార్పులను తెచ్చే సామర్థ్యాన్ని కలిగి ఉంది.

నానోటెక్నాలజీ యొక్క అభివృద్ధి మరియు వాడకంతో పాటు, దానితో సంబంధం ఉన్న సాధ్యమయ్యే ప్రమాదాలను కూడా పరిగణించడం ముఖ్యం. నానో పదార్థాలు జీవులకు హానికరం కావచ్చు లేదా పర్యావరణంపై ప్రభావం చూపవచ్చు.

నానోటెక్నాలజీని సురక్షితంగా మరియు బాధ్యతాయుతంగా ఉపయోగించడానికి, దానిని నియంత్రించడానికి మరియు పరిపాలించడానికి ప్రభుత్వాలు మరియు ఇతర సంస్థలు చర్యలు తీసుకుంటున్నాయి.

నానోటెక్నాలజీ నియంత్రణ యొక్క లక్ష్యాలు

నానోటెక్నాలజీ నియంత్రణ యొక్క ప్రధాన లక్ష్యాలు:

నానో పదార్థాల భద్రతను కాపాడటం

నానోటెక్నాలజీ యొక్క సామాజిక మరియు పర్యావరణ ప్రభావాలను పరిగణించడం

నానోటెక్నాలజీని సమానంగా మరియు న్యాయంగా అభివృద్ధి చేయడం

నానోటెక్నాలజీ నియంత్రణ యొక్క రకాలు

నానోటెక్నాలజీని నియంత్రించడానికి అనేక రకాల చర్యలు తీసుకోవచ్చు. కొన్ని సాధారణ రకాలు ఇక్కడ ఉన్నాయి:

* చట్టాలు మరియు నిబంధనలు: ప్రభుత్వాలు నానోటెక్నాలజీని నియంత్రించడానికి చట్టాలు మరియు నిబంధనలను రూపొందించవచ్చు. ఈ చట్టాలు నానో పదార్థాల ఉత్పత్తి, ఉపయోగం మరియు విడుదలను నియంత్రించవచ్చు.

* స్వయం నియంత్రణ: నానోటెక్నాలజీ పరిశ్రమ స్వయంగా భద్రతా ప్రమాణాలను అభివృద్ధి చేయడానికి మరియు అమలు చేయడానికి పని చేయవచ్చు.

* విద్య మరియు పరిశోధన: నానోటెక్నాలజీ యొక్క భద్రత మరియు ప్రభావాల గురించి అవగాహన పెంచడానికి విద్య మరియు పరిశోధన ముఖ్యం.

నానోటెక్నాలజీ యొక్క ప్రజల అవగాహన

నానోటెక్నాలజీ అనేది 1-100 నానోమీటర్ల పరిమాణంలోని పదార్థాలను అధ్యయనం మరియు ఉపయోగించడం. ఇది ఒక ఉద్భవిస్తున్న రంగం, ఇది అనేక రంగాలలో విప్లవాత్మక మార్పులను తెచ్చే సామర్థ్యాన్ని కలిగి ఉంది.

నానోటెక్నాలజీ యొక్క ప్రజల అవగాహన ఇంకా అభివృద్ధి చెందుతోంది. 2023లో, ఒక అధ్యయనం ప్రకారం, ప్రపంచవ్యాప్తంగా 52% మంది నానోటెక్నాలజీ గురించి చాలా తక్కువగా లేదా ఏమీ తెలియదు.

నానోటెక్నాలజీ యొక్క ప్రజల అవగాహనను పెంచడానికి అనేక ప్రయత్నాలు జరుగుతున్నాయి. ప్రభుత్వాలు, విద్యా సంస్థలు మరియు నానోటెక్నాలజీ పరిశ్రమ ఈ ప్రయత్నాలలో పాల్గొంటున్నాయి.

నానోటెక్నాలజీ యొక్క నీతిపరమైన పరిశీలనలు

నానోటెక్నాలజీ అనేది అనేక నైతిక సమస్యలను లేవదీస్తున్న ఒక శక్తివంతమైన సాంకేతికత. కొన్ని ముఖ్యమైన నీతిపరమైన పరిశీలనలు ఇక్కడ ఉన్నాయి:

- నానో పదార్థాల భద్రత: నానో పదార్థాలు జీవులకు హానికరం కావచ్చు. నానోటెక్నాలజీని సురక్షితంగా ఉపయోగించడానికి, నానో పదార్థాల భద్రతను అంచనా వేయడం మరియు నియంత్రించడం ముఖ్యం.

- నానోటెక్నాలజీ యొక్క సామాజిక ప్రభావాలు: నానోటెక్నాలజీ అనేక సామాజిక మార్పులను తెచ్చే సామర్థ్యాన్ని కలిగి ఉంది. ఈ మార్పులు సానుకూలంగా లేదా ప్రతికూలంగా

ఉండవచ్చు. నానోటెక్నాలజీ యొక్క సామాజిక ప్రభావాలను పరిగణించడం ముఖ్యం.

* నానోటెక్నాలజీ యొక్క పర్యావరణ ప్రభావాలు: నానో పదార్థాలు పర్యావరణంపై ప్రభావం చూపవచ్చు. నానోటెక్నాలజీని సురక్షితంగా ఉపయోగించడానికి, నానో పదార్థాల పర్యావరణ ప్రభావాలను అంచనా వేయడం మరియు నియంత్రించడం ముఖ్యం.

నానోటెక్నాలజీ యొక్క నీతిపరమైన పరిశీలనలు చాలా సంక్లిష్టమైనవి మరియు ఈ అంశాలపై ఇంకా చర్చ జరుగుతోంది. నానోటెక్నాలజీని సురక్షితంగా మరియు బాధ్యతాయుతంగా అభివృద్ధి చేయడానికి, ఈ అంశాలను జాగ్రత్తగా పరిగణించడం ముఖ్యం.

Chapter 7: Future of Nanotechnology

అధ్యాయం 7: నానోటెక్నాలజీ యొక్క భవిష్యత్తు

నానోటెక్నాలజీ యొక్క ఉత్పన్న ధోరణులు మరియు అనువర్తనాలు

నానోటెక్నాలజీ అనేది 1-100 నానోమీటర్ల పరిమాణంలోని పదార్థాలను అధ్యయనం మరియు ఉపయోగించడం. ఇది ఒక ఉద్భవిస్తున్న రంగం, ఇది అనేక రంగాలలో విప్లవాత్మక మార్పులను తెచ్చే సామర్థ్యాన్ని కలిగి ఉంది.

నానోటెక్నాలజీ యొక్క అభివృద్ధిలో అనేక ఉత్పన్న ధోరణులు కనిపిస్తున్నాయి. కొన్ని ముఖ్యమైన ధోరణులు ఇక్కడ ఉన్నాయి:

- నానో పదార్థాల ఉత్పత్తిలో మెరుగుదలలు: నానో పదార్థాల ఉత్పత్తిలో మెరుగుదలలు నానోటెక్నాలజీని మరింత అందుబాటులో మరియు సరసమైనదిగా చేస్తున్నాయి.

- నానోటెక్నాలజీ యొక్క కొత్త అనువర్తనాల అభివృద్ధి: నానోటెక్నాలజీ యొక్క కొత్త అనువర్తనాల అభివృద్ధి నానోటెక్నాలజీ యొక్క ప్రభావాన్ని పెంచుతోంది.

- నానోటెక్నాలజీ యొక్క సురక్షితమైన మరియు బాధ్యతాయుతమైన అభివృద్ధిపై దృష్టి: నానోటెక్నాలజీ యొక్క సురక్షితమైన మరియు బాధ్యతాయుతమైన

అభివృద్ధిపై దృష్టి నానోటెక్నాలజీ యొక్క సానుకూల ప్రభావాలను పెంచడంలో సహాయపడుతోంది.

నానోటెక్నాలజీని వివిధ రంగాలలో అనువర్తించవచ్చు. కొన్ని ముఖ్యమైన అనువర్తనాలు ఇక్కడ ఉన్నాయి:

- వైద్యం: నానోటెక్నాలజీని క్యాన్సర్ చికిత్స, ఔషధాల పంపిణీ మరియు వ్యాధి నిర్ధారణకు ఉపయోగించవచ్చు.

- శక్తి: నానోటెక్నాలజీని సౌర శక్తి, పవన శక్తి మరియు శక్తి సామర్థ్యాన్ని మెరుగుపరచడానికి ఉపయోగించవచ్చు.

- సాంకేతికత: నానోటెక్నాలజీని కొత్త రకాల చిప్లు, సెన్సార్లు మరియు డిస్ప్లేలను అభివృద్ధి చేయడానికి ఉపయోగించవచ్చు.

- పర్యావరణం: నానోటెక్నాలజీని కాలుష్యాన్ని తగ్గించడానికి, నీటిని శుభ్రపరచడానికి మరియు పర్యావరణాన్ని రక్షించడానికి ఉపయోగించవచ్చు.

రంగంలో గొప్ప సవాళ్లు మరియు అవకాశాలు

రంగం అనేది ఒక విస్తృతమైన రంగం, ఇది అనేక రంగాలను కలిగి ఉంటుంది. ఈ రంగాలలో ప్రతి దానిలోనూ సవాళ్లు మరియు అవకాశాలు ఉన్నాయి.

రంగంలోని కొన్ని ప్రధాన సవాళ్లు

నానో పదార్థాల భద్రత: నానో పదార్థాలు జీవులకు హానికరం కావచ్చు. నానోటెక్నాలజీని సురక్షితంగా ఉపయోగించడానికి, నానో పదార్థాల భద్రతను అంచనా వేయడం మరియు నియంత్రించడం ముఖ్యం.

నానోటెక్నాలజీ యొక్క సామాజిక ప్రభావాలు: నానోటెక్నాలజీ అనేక సామాజిక మార్పులను తెచ్చే సామర్థ్యాన్ని కలిగి ఉంది. ఈ మార్పులు సానుకూలంగా లేదా ప్రతికూలంగా ఉండవచ్చు. నానోటెక్నాలజీ యొక్క సామాజిక ప్రభావాలను పరిగణించడం ముఖ్యం.

నానోటెక్నాలజీ యొక్క పర్యావరణ ప్రభావాలు: నానో పదార్థాలు పర్యావరణంపై ప్రభావం చూపవచ్చు. నానోటెక్నాలజీని సురక్షితంగా ఉపయోగించడానికి, నానో పదార్థాల పర్యావరణ ప్రభావాలను అంచనా వేయడం మరియు నియంత్రించడం ముఖ్యం.

రంగంలోని కొన్ని ప్రధాన అవకాశాలు

వైద్యం: నానోటెక్నాలజీని క్యాన్సర్ చికిత్స, ఔషధాల పంపిణీ మరియు వ్యాధి నిర్ధారణకు ఉపయోగించవచ్చు.

శక్తి: నానోటెక్నాలజీని సౌర శక్తి, పవన శక్తి మరియు శక్తి సామర్థ్యాన్ని మెరుగుపరచడానికి ఉపయోగించవచ్చు.

- సాంకేతికత: నానోటెక్నాలజీని కొత్త రకాల చిప్‌లు, సెన్సార్లు మరియు డిస్ప్లేలను అభివృద్ధి చేయడానికి ఉపయోగించవచ్చు.

- పర్యావరణం: నానోటెక్నాలజీని కాలుష్యాన్ని తగ్గించడానికి, నీటిని శుభ్రపరచడానికి మరియు పర్యావరణాన్ని రక్షించడానికి ఉపయోగించవచ్చు.

రంగం యొక్క భవిష్యత్తు

రంగం యొక్క భవిష్యత్తు ప్రకాశవంతంగా ఉంది. నానోటెక్నాలజీ యొక్క అభివృద్ధి అనేక రంగాలలో విప్లవాత్మక మార్పులను తెచ్చే సామర్థ్యాన్ని కలిగి ఉంది. అయితే, నానోటెక్నాలజీని సురక్షితంగా మరియు బాధ్యతాయుతంగా అభివృద్ధి చేయడం ముఖ్యం.

బాధ్యతాయుతమైన అభివృద్ధి మరియు నీతిపరమైన పరిశీలనలు

నానోటెక్నాలజీ అనేది 1-100 నానోమీటర్ల పరిమాణంలోని పదార్థాలను అధ్యయనం మరియు ఉపయోగించడం. ఇది ఒక ఉద్భవిస్తున్న రంగం, ఇది అనేక రంగాలలో విప్లవాత్మక మార్పులను తెచ్చే సామర్థ్యాన్ని కలిగి ఉంది.

నానోటెక్నాలజీని బాధ్యతాయుతంగా మరియు నీతిపరంగా అభివృద్ధి చేయడం చాలా ముఖ్యం. నానోటెక్నాలజీ యొక్క సామర్థ్యం చాలా పెద్దది, కానీ దానితో సంబంధం ఉన్న సాధ్యమయ్యే ప్రమాదాలు కూడా ఉన్నాయి.

నానోటెక్నాలజీ యొక్క బాధ్యతాయుతమైన అభివృద్ధి కోసం కొన్ని ముఖ్యమైన అంశాలు ఇక్కడ ఉన్నాయి:

- నానో పదార్థాల భద్రతను అంచనా వేయడం మరియు నియంత్రించడం: నానో పదార్థాలు జీవులకు హానికరం కావచ్చు. నానోటెక్నాలజీని సురక్షితంగా ఉపయోగించడానికి, నానో పదార్థాల భద్రతను అంచనా వేయడం మరియు నియంత్రించడం ముఖ్యం.

- నానోటెక్నాలజీ యొక్క సామాజిక మరియు పర్యావరణ ప్రభావాలను పరిగణించడం: నానోటెక్నాలజీ అనేక సామాజిక మరియు పర్యావరణ మార్పులను తెచ్చే సామర్థ్యాన్ని కలిగి ఉంది. ఈ మార్పులు సానుకూలంగా లేదా ప్రతికూలంగా ఉండవచ్చు. నానోటెక్నాలజీ యొక్క సామాజిక మరియు పర్యావరణ ప్రభావాలను పరిగణించడం ముఖ్యం.

- నానోటెక్నాలజీని సమానంగా మరియు న్యాయంగా అభివృద్ధి చేయడం: నానోటెక్నాలజీ అనేది ఒక శక్తివంతమైన

సాంకేతికత, ఇది ప్రపంచాన్ని మార్చగల సామర్థ్యాన్ని కలిగి ఉంది. నానోటెక్నాలజీని సమానంగా మరియు న్యాయంగా అభివృద్ధి చేయడం ముఖ్యం, తద్వారా ప్రతి ఒక్కరూ దాని ప్రయోజనాలను అనుభవించగలరు.

నానోటెక్నాలజీ యొక్క నీతిపరమైన పరిశీలనలు కూడా చాలా ముఖ్యం. నానోటెక్నాలజీని ఉపయోగించడం వల్ల కలిగే నైతిక సమస్యలను పరిగణించడం ముఖ్యం.

ముగింపు: నానోటెక్నాలజీ యొక్క భవిష్యత్తు ప్రకాశవంతంగా ఉంది

నానోటెక్నాలజీ అనేది ఒక ఉద్భవిస్తున్న రంగం, ఇది అనేక రంగాలలో విప్లవాత్మక మార్పులను తెచ్చే సామర్థ్యాన్ని కలిగి ఉంది. నానోటెక్నాలజీ యొక్క సామర్థ్యం చాలా పెద్దది, కానీ దానితో సంబంధం ఉన్న సాధ్యమయ్యే ప్రమాదాలు కూడా ఉన్నాయి.

నానోటెక్నాలజీని బాధ్యతాయుతంగా మరియు నీతిపరంగా అభివృద్ధి చేయడం చాలా ముఖ్యం. నానోటెక్నాలజీ యొక్క భద్రత, సామాజిక మరియు పర్యావరణ ప్రభావాలు మరియు న్యాయతను పరిగణించడం ముఖ్యం.

ఈ అంశాలను పరిగణనలోకి తీసుకుంటే, నానోటెక్నాలజీ యొక్క భవిష్యత్తు ప్రకాశవంతంగా ఉంది. నానోటెక్నాలజీ అనేక సమస్యలకు పరిష్కారాలను అందించగలదు మరియు మన జీవితాలను మెరుగుపరచగలదు.

నానోటెక్నాలజీ యొక్క కొన్ని సంభావ్య ప్రయోజనాలు ఇక్కడ ఉన్నాయి:

- వైద్యం: నానోటెక్నాలజీని క్యాన్సర్ చికిత్స, ఔషధాల పంపిణీ మరియు వ్యాధి నిర్ధారణకు ఉపయోగించవచ్చు.

- శక్తి: నానోటెక్నాలజీని సౌర శక్తి, పవన శక్తి మరియు శక్తి సామర్థ్యాన్ని మెరుగుపరచడానికి ఉపయోగించవచ్చు.

- సాంకేతికత: నానోటెక్నాలజీని కొత్త రకాల చిప్‌లు, సెన్సార్‌లు మరియు డిస్‌ప్లేలను అభివృద్ధి చేయడానికి ఉపయోగించవచ్చు.

- పర్యావరణం: నానోటెక్నాలజీని కాలుష్యాన్ని తగ్గించడానికి, నీటిని శుభ్రపరచడానికి మరియు పర్యావరణాన్ని రక్షించడానికి ఉపయోగించవచ్చు.

నానోటెక్నాలజీ యొక్క సామర్థ్యం చాలా పెద్దది. నానోటెక్నాలజీని బాధ్యతాయుతంగా మరియు నీతిపరంగా అభివృద్ధి చేయడం ద్వారా, మనం ప్రపంచాన్ని మెరుగుపరచగలము.